輻射可給我們超能力？

拆解科學之謎！

保羅·夏里遜 著
艾倫·歐文 圖

新雅文化事業有限公司
www.sunya.com.hk

目錄

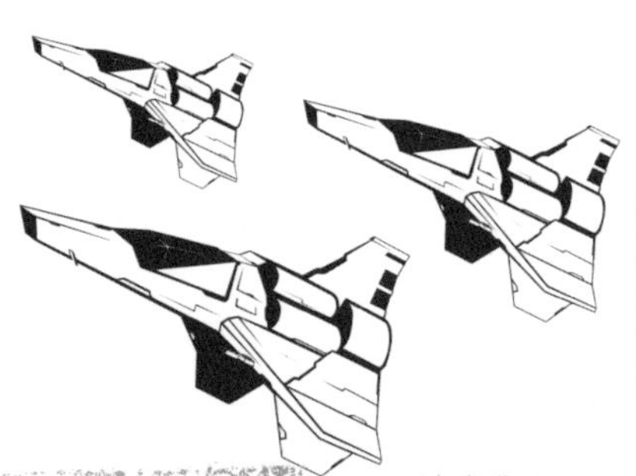

先看看這裏！

認定了的「事實」原來都是錯誤的？

嗯，也許這是真的。閱讀這本書後，你會驚訝地發現許多一向被視為理所當然的事實，原來都是胡說八道的。可是，怎麼可能會這樣呢？

這往往是由於科學家的新發現改變了我們對某些事情的看法；但有時則因為我們從一開始就相信某些事情，所以自然地排除了其他可能性；而有時我們的判斷確實會出錯（但別太自責，因為你很快會發現傑出科學家也會出錯）。

科學的重點在於反覆測試。本書是你測試自己的想法有多科學的機會。你相信天空是藍色的嗎？雞湯是否能醫治感冒？鳥兒站在電纜上是不會觸電的？噴嚏的殺傷力是否比子彈更大？你能夠分辨出以上哪些是純屬傳聞，哪些是真有其事嗎？

本書有51道「真假大對決」問題 ，先列出一些常見說法，然後以科學角度分析，最後你便會知道，哪些是 純屬傳聞 ，哪些是 真有其事 ，還有哪些是「半真半假」！

除此以外，你也會在書中發現有些電影票房成績極好，但當中的情節卻違反科學邏輯；能夠見識世上多種怪異的天氣；還能認識為科學研究而付出沉重代價的科學家。

本書中有一個豐富的知識世界等着你！

「人云亦云」是指別人說什麼，自己也跟着附和，沒有自己的想法和見解。換言之，別人出錯，你也會跟着出錯。記得用這本書裝備自己，那麼你至少不會被傳聞騙得團團轉！

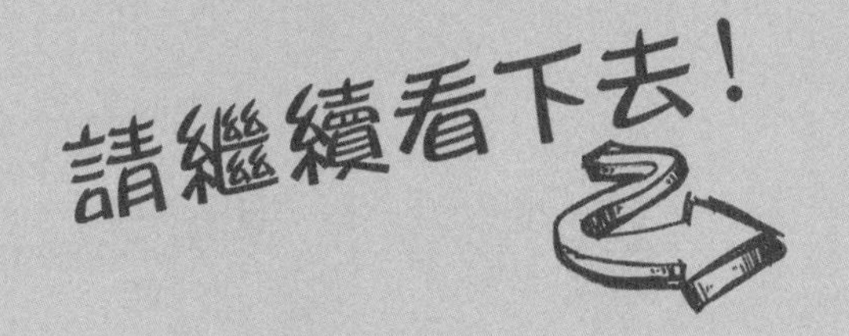

你可能聽過這樣的說法……

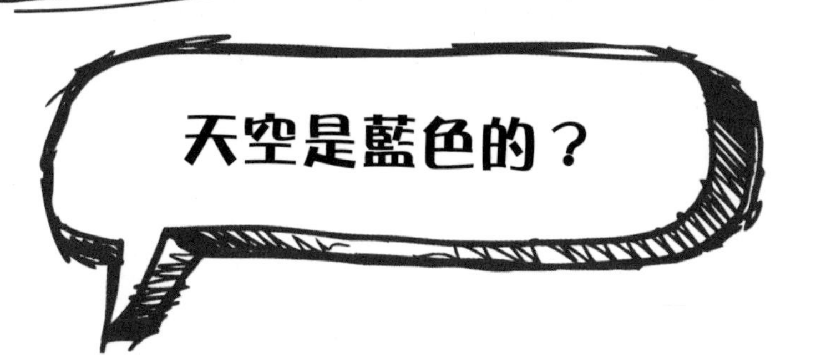

請你在陽光明媚的時候，抬頭望向天空。這時的天空萬里無雲，呈現一片蔚藍。這是你我都能看見的景象啊！

★事實上……

太陽光是白色的，而這種白光是由許多不同的顏色組合而成，包括：紅、橙、黃、綠、藍、靛和紫。它們是光譜(全稱光學頻譜)裏的顏色，如果你有幸看到彩虹時就會看見它們了。不過，你看見的彩虹顏色，其實是被水蒸氣散射出來的光。

至於天空看起來是藍色的，原來是跟空氣中的物質有關。大氣層裏充滿了塵埃、水蒸氣和不同的氣體，這些粒子能夠散射光線，其中以藍光最容易被散射。因此，我們看見的藍色天空，其實是被散射到各處的藍光。

結論：

要是你打噴嚏時張開眼睛，眼球便會噴射出來？

打噴嚏是鼻子受刺激時產生的反應，有助清除鼻腔裏的細菌與病毒。打噴嚏的威力可以相當強大——空氣經由你的肺部被擠壓出來，能以高達每小時160公里的速度穿過你的鼻子噴射而出。因高速而產生的力非常大，如果我們不閉上眼睛，眼球便會噴射出來！

★事實上……

打噴嚏時閉上眼睛是一種反射動作。有人認為打噴嚏時會令面部肌肉變得緊張，所以眼睛會自動閉上；有人認為是為了防止噴嚏中的細菌進入眼睛。雖然目前還沒有人清楚為什麼我們的身體會自動這樣做，但同時也沒有證據顯示打噴嚏時張開眼睛會導致眼球噴射出來。

結論：

銀河系裏的黑洞最終會把地球吸進去？

黑洞非常神秘，而且威力強大，十分可怕。它們大多是已經死亡的恒星遺留下來的物質。當一個巨大的恒星死亡時，它會在一場名為「超新星」的大型爆炸中噴出物質。然而，有時候一些質量極大的恒星中心不會爆炸，而是向內塌陷，即向內收縮成一個細小的點。這些殘餘物質擁有的引力可能等同數百個太陽的引力。

最大型的黑洞稱為超大質量黑洞，擁有的引力等同數百萬個太陽。沒有任何東西能夠逃離黑洞的引力，包括光。有個壞消息要告訴你，科學家相信每個星系的中心，包括我們身處的銀河系，都有一個超大質量黑洞！

銀河系的超大質量黑洞名為「人馬座A*」。科學家認為它的引力大約等同400萬個太陽。任何在它附近的物體都很可能被吸走，並且令黑洞的威力變得更強大。

★事實上……

有個好消息要告訴你，地球距離「人馬座A*」太遠，應該不會被吸進去。但危機還未解除，因為可能只是科學家還未發現到靠近地球的黑洞。不過好消息是，即使有較近地球的黑洞也可能不會吸走我們。然而，壞消息是黑洞不會吸走我們的原因，是科學家相信大約50億年後，太陽便會死亡，而地球也會跟着完蛋了。

結論：

電影中的不合理科學

有些電影娛樂性高，但情節不太科學！

恐龍能夠再現地球

在很多廣受歡迎的電影中，原來有不少科學陷阱。例如《侏羅紀公園》（*Jurassic Park*）中有許多精彩的電腦特技，可是當中關於科學理論的情節則很可疑，其中一個例子就是恐龍能夠重新活過來的原因。在電影中，一名科學家相信利用保存在琥珀中的蒼蠅就能重新培育出恐龍，因為那隻蒼蠅死前曾叮過恐龍，所以體內留下了恐龍的DNA。DNA是生命的密碼，令你可以成為一個獨一無二的人。電影中的科學家在取得恐龍的DNA後，便成功培育出恐龍。

可是，這是不合理的科學理論。琥珀能夠保存的主要是生物的外殼而不是生物體內的組織，所以恐龍的DNA是無法從琥珀中的蒼蠅抽取出來並加以培育的。

切洋葱會令人流淚？

悲劇電影、傷感的音樂和死去的寵物都可能令你熱淚盈眶。不過，小小一個洋葱也能做到相同的效果嗎？

★事實上……

洋葱令你流淚的可能性亦相當高！洋葱皮裏含有由胺基酸和硫這兩種化學物混合而成的物質，這種物質在你切開洋葱之前對人並沒有影響。洋葱被切開後，一種名字令人舌頭打結的氣體「順式—丙硫醛—S—氧化物」會在空氣中傳播，然後飄進你的眼睛裏，令你即時流淚。

要避免切洋葱時流淚，你可以戴上泳鏡。你可能看似一個傻瓜，但至少你的眼睛能保持乾爽。

結論：

空氣是沒有重量的？

要知道我們是被空氣包圍着的，但卻感覺不到空氣的重量。再看看量重用的磅，它不會顯示磅上的空氣有任何重量。那麼空氣應該是沒有重量的，對吧？

★事實上……

空氣是非常重的。如果你在地上畫出一個1米乘以1米的正方形，那麼正方形上的空氣已重達10,000公斤，大約等同2隻非洲象的重量！如果你身處的位置距離海平面越高，空氣的重量便越少，因為在你上方的空氣較少。

人類要在地球上生存，便必須適應其上方空氣的重量，否則便會被壓得扁扁的像塊熱香餅了。我們感覺不到空氣的重量，是因為我們體內同樣存在空氣，例如胃裏、肺裏，足以抵受外面空氣的重量，還有是我們的身體已經習慣這種重量了。

結論：

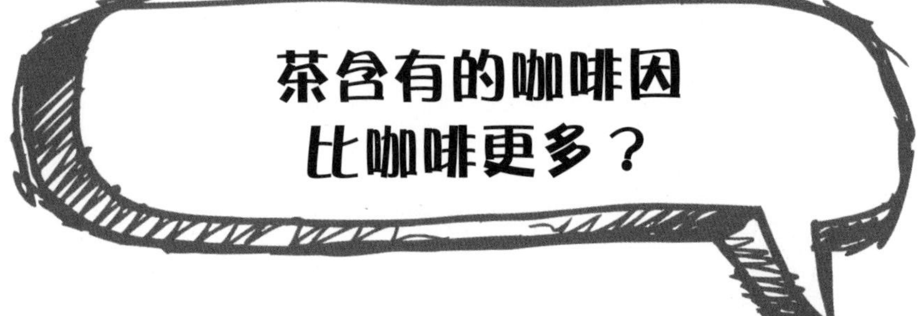

茶含有的咖啡因比咖啡更多？

茶和咖啡都含有一種稱為咖啡因的物質。這種物質是一種興奮劑，有助激發身體的能量，因此運動員在比賽前是禁止服用咖啡因的。此外，服用太多咖啡因會對身體有害，例如造成情緒不安、緊張、失眠，甚至令人死亡。

這杯茶令人精神為之一振。

不錯啊！

★事實上……

咖啡因存在於許多飲品與食物中，例如巧克力，然而含有較多咖啡因的是茶和咖啡。不同的茶和咖啡都有不同的咖啡因含量。一般而言，一杯咖啡比一杯茶含有更多咖啡因。但有趣的是，一份茶葉裏的咖啡因比一份咖啡豆多，只是當熱水加入茶葉後，茶的咖啡因含量卻減少了。

結論： 是真有其事，也是純屬傳聞，但主要是

一不小心……
傑出科學家也會出錯

誤把珍貴樣本吃掉的達爾文

英國科學家查爾斯・達爾文（Charles Darwin，1809-1882）因着他的演化論而聞名於世。演化論說明了動物如何隨時間改變、新物種是怎樣及為何出現，以及舊物種為何消失。他的構想在他身處的時代堪稱是革命性的概念。作為專門研究奇珍異獸的人，達爾文應該很喜愛這些動物……的味道。

達爾文在就讀劍橋大學期間組織了一個美食俱樂部，他與其他成員會一同品嘗一些你平日在餐廳裏不會吃到的肉類，包括鷹、麻鷺、貓頭鷹等。

在達爾文到訪世界各地尋找新物種再帶回英國研究時，他這種「什麼東西都能吃」的做法終於闖出禍。有一次，他享用過一頓特別美味的大餐後，才發現自己剛吃了一隻美洲小鴕——那是一種稀有的鳥，他在南美洲花了數星期才找到的唯一一個樣本。

雞湯能夠醫治感冒？

雞湯能醫治感冒的說法流傳已久。古希臘人會炮製一些類似雞湯的食物來醫治感冒，中國人也有類似的做法。雞湯也是猶太人的傳統感冒處方，而歐洲人也早於大概12世紀喝雞湯來醫治感冒。

撇開美妙的滋味，雞湯本身已有許多好處可以支持這個能醫治感冒的說法。雞湯暖乎乎的有助消除鼻塞；含有鋅和肌肽，這些物質對人體的免疫系統有好處，所以對醫治感冒也很有用。總之，雞湯肯定是醫治感冒的良方——希臘人、中國人、猶太人和歐洲人不可能都把這事情弄錯的，對吧？

★事實上……

是的，他們真的弄錯了。喝雞湯可能令感冒患者覺得舒服些，但研究發現雞湯裏的鋅和肌肽對感冒的影響微乎其微，無法醫治感冒。

結論：

珠穆朗瑪峯變得越來越高了？

高山看似從地球存在的一刻起已經出現，但其實它們並沒有存在那麼久，箇中原因跟地球表面形成的原理有關。地球的表面並不是牢固的一整塊土地，而是由像大拼圖的幾片大土地形成的。這些土地稱為板塊。板塊會不斷移動，但不是很快，大約每年僅移動數厘米。然而，經過數百萬年後，地球的模樣便會變得與過往非常不同。

板塊移動的另一個結果，就是形成高山。多數情況下，當兩塊板塊相遇時，其中一塊板塊會滑進另一塊的下面，但有時它們會互相碰撞，並捲起一點點，皺起的部分便形成了我們現在所見的山脈。不過，山脈會越來越高嗎？

★事實上……

珠穆朗瑪峯是喜馬拉雅山脈的一部分。喜馬拉雅山脈是由兩塊板塊撞在一起時形成的，它們至今仍然互相碰撞，因此珠穆朗瑪峯正以每年大約6毫米的速度變高。

結論：

動物居然從天上掉下來！

你也許聽過這句英文：「It’s raining cats and dogs」，意指大雨滂沱，而不是真的有貓和狗從天上掉下來。不過，你知道天空有時不只會降下雨和雪嗎？

舉例說，歷史紀錄中出現過「青蛙雨」。不可思議的是，「假裝成雨水」的不單止有青蛙。曾經從雲中掉下來的，還有魚、番茄、魷魚、煤、蘋果和蠕蟲。

科學家將這些雨稱為「非水態雨」，代表在雨水以外，所有從天空中掉下來的東西。雖然非水態雨是一個專有名稱，但人們並未能確實解釋這些「雨」為何會出現。有人推測，那些東西是被迷你旋風或海龍捲捲起來的，例如從水中捲起一羣魚，然後將牠們扔到內陸。

不論背後的成因是什麼，下次當你看見雨雲時，記得祈求不要掉下奇怪的東西！

地球在夏季時最接近太陽？

我們很容易會忘記我們身處的美麗的行星——地球，其實只是一顆在太空裏旋轉的岩石。當然，它並非在太空中隨意亂衝亂撞，而是圍繞着我們的恒星太陽不斷運行，每走一圈便需要一年時間。全賴太陽，我們才有天然的熱與光。

地球圍繞太陽的軌道並不是圓形的，而是橢圓形的，有點兒像顆雞蛋。這意味着地球與太陽之間的距離會不斷變化，有時會較接近，有時則相隔較遠。那麼合理的想法是，地球較接近太陽的那些地方就是夏天，較遠離太陽的那些地方就是冬天。

★事實上……

當北半球（位於赤道上方的那部分）迎來夏天時，它距離太陽是最遠的。這怎麼可能呢？其實地球在軌道上距離太陽最遠和最近的一點相差不大，不會影響四季的變化。真正主宰地球四季的是令地球傾斜了23度的自轉軸。在地球距離太陽最遠的時候，正是北半球傾向太陽的時候。北半球比南半球接收到更多陽光，所以北半球已踏入夏季，而南半球則處於冬季。如果地球是垂直於軌道的，那麼北半球和南半球的夏天便會在同一時間到來了。

結論：

致命科學

為科研而犧牲的科學家

可怕的放射性物質

如果你有照過X光，記得要感謝一位來自波蘭華沙的非凡女性，她那危機四伏的工作至今仍在幫助許多醫生為病人進行治療。

人稱居里夫人的瑪麗．居里（Marie Curie）於1867年在華沙出生。她是那個世代裏其中一位出色的科學家，獲得過諾貝爾獎（表揚科學、醫學、文學及和平事業上有傑出成就的獎項）不只一次，而是兩次。

居里夫人最為人津津樂道的，就是她對放射性物質的研究，特別是她對X光的開創性研究。全賴這個研究，才讓X光機能夠面世；也全因這個研究，居里夫人逝世了。她患上了白血病。那是一種血液的癌症，是她反覆曝露於放射性物質下所導致的。她於1934年因病離世，享年67歲。

富含脂肪的食物對人是有益的？

我們吃了很多肥膩的食物便會變胖，更嚴重的就會出現很多健康問題，例如心臟病、糖尿病、高血壓等。不過脂肪是有許多不同種類的，例如：飽和脂肪、單元不飽和脂肪、多元不飽和脂肪，還有反式脂肪。這些脂肪是否全都對我們有害呢？

★事實上……

我們需要適量的脂肪才能生存，而脂肪是可以分為好脂肪和壞脂肪的。單元不飽和脂肪和多元不飽和脂肪一般是好脂肪，它們存在於三文魚、橄欖油等食物裏。因此含有這些脂肪的食物對你是有益的。當然，就像所有飲食建議一樣，即使是有益健康的食物也不能吃太多。太多好脂肪也會對你有害！

結論： 既是

，也是

荒漠總是非常炎熱的？

很多人對荒漠都有這樣的概念：熾熱炙人、遍地黃沙、貧瘠荒蕪，那裏的一切事物都在猛烈無情的太陽下飽受煎熬。

不過，我們要知道荒漠覆蓋了地球五分之一的土地，而且是許多動物和植物的家園。這些動植物已經適應了棲息在乾旱的荒漠環境中，即使身處多年不下雨的阿塔卡馬沙漠等地方也能生存。

★事實上……

荒漠是指任何每年降雨量少於50厘米的地方。這可以是代表以上描述的那種沙漠，也可以指稱寒冷乾燥的地區。例如，南極洲只有非常少的降雨及降雪，因此也被分類為荒漠。

結論：純屬傳聞

一不小心……
傑出科學家也會出錯

相信點石可成金的牛頓

艾薩克．牛頓（Isaac Newton，1643-1727）是個多才多藝的數學與科學天才。他曾是英國劍橋大學的數學系教授；他發現了白光是由不同顏色組成的；而他最為人津津樂道的就是發現了重力。他也許是在蘋果掉到頭上後才達成這項成就，但又也許他被下墮的水果擊中只是虛構的故事。不論這件事的真相如何，他仍是頂尖的科學家，不是嗎？

不過，傑出科學家也有出錯的時候。牛頓的萬有引力定律並不是在所有情況下皆適用，例如在計算質量較大的行星的運動規律時。

此外，牛頓對煉金術很感興趣，但煉金術其實是一種荒謬的想法，認為人類能夠將鉛等金屬物質變成金或銀。不過那不僅是沒可能發生的，也是非法的！

熱力會令物體變大？

請你先來做個實驗：找一根金屬棒，用你的兩隻手分別抓住棒的一端，試試拉長它。你會發現不論如何用力，金屬棒始終沒有被拉長，因為金屬是異常堅固的。然而，假如將金屬棒加熱，它便會變大！真神奇啊，對吧？

★事實上……

世上萬物都是由原子組成的，而原子會不斷運動的。我們不會察覺到這個事實，因為原子非常、非常細小，因此運動幅動也非常、非常細小。熱力會令原子運動幅度加大，因此令物體變得較大。這對大型建築物（例如美國三藩市的金門大橋）來説，會產生相當顯著的影響。在夏天，高温會令這座大橋比冬天長近1米。由於受熱膨脹的原因，許多建築物都設有伸縮縫，以消除膨脹與收縮時帶來的影響。

結論：

電影中的不合理科學

有些電影娛樂性高，但情節不太科學！

太空裏傳來飛船的聲音

以太空戰爭為題材的電影屬於科幻電影，可是當中的科學內容有些是不合理的。你可以說，電影中的科學一般都是，嗯……虛構的。以那些驚人的太空船為例，它們會飛快地在太空中穿梭，發出「嗖嗖」的聲響。不過那正是問題所在，因為太空是真空狀態，聲音是無法傳遞的。

再說說那些會發出七彩射線、具毀滅性效果的雷射槍吧。除了那並非雷射槍運作的方式以外，事實上雷射是沒有那麼多顏色的。還有，在現實生活中你無法看見雷射，因此你無法避開它。此外，雷射以光速移動，那是任何東西能移動的最快速度，因此不論你避得有多快，還是不夠快。

至於光劍……我們就別談了。

人類曝露在太空裏會爆炸？

人類生存所需的東西不多：最基本的是食物、水和空氣。三者之中最重要的是空氣，然而，不幸的是我們在太空裏無法找到空氣。而且，太空近乎真空，意思是裏面什麼都沒有，沒有氣體，沒有物質，而人體內卻存在氣體。如果沒有裝備，氣壓的差異就會令身體在太空裏像個氣球般膨脹，然後爆炸。

★事實上……

我們的身體被皮膚包裹着，而皮膚強韌得足以對抗氣壓的差異，可以防止我們在太空爆炸。因此即使你體內的一切都想衝到外面去，但你的皮膚仍會使它們留在應有的位置。不過，在沒有恰當的裝備下進入太空，即使你不會爆炸，數秒後你便會因為缺氧而失去知覺，最終死亡。

結論：

胡蘿蔔天生是橙色的（並且是草本植物）？

胡蘿蔔是一種橙色的蔬菜。很多人以為它是根菜類，意指我們進食的是胡蘿蔔在地面下生長的部分。不過，胡蘿蔔其實是傘形科的成員，因此嚴格來說它是一種草本植物。

★事實上……

胡蘿蔔的確是草本植物，但它並不是天生是橙色的。胡蘿蔔有各種各樣的顏色：紅、黃、紫，甚至白色。據説胡蘿蔔原本主要是紫色的，後來才培植出其他顏色。橙色的胡蘿蔔於16世紀開始大受歡迎。有人認為它最初是為了紀念全力爭取荷蘭脱離西班牙統治而成為荷蘭人的國父 —— 威廉一世（奧蘭治）（William I, Prince of Orange）而種植的。不過這個傳説並沒有太多證據支持。

純屬傳聞（它並不是只有橙色的）

結論：

（它是草本植物）

輻射可給我們超能力？

成為超級英雄一定很好玩：你可以飛行，或是擁有雷射眼，或是擁有等同50個男人的力量。唯一的壞處就是你必須穿上一些古怪的服裝，例如將內褲穿在長褲外面。不過怎樣做才能成為一個超級英雄呢？

超級英雄往往是透過某些意外途徑而獲得超能力的。以下就來看看你能否將這些超級英雄與他們獲得力量的方式配對起來。

超級英雄

- 蜘蛛俠
- 變形俠醫
- 神奇4俠
- 夜魔俠
- 美國隊長

獲得力量的途徑

- 曾遭受伽馬射線照射
- 喝下特殊配方藥水，並接受「生命射線」照射
- 被受到放射性感染的蜘蛛咬傷
- 兒時曾接觸過放射性物質
- 飛過一團輻射雲

答案：蜘蛛俠曾被一隻受放射性感染的蜘蛛咬傷；變形俠醫在一次出錯的實驗中遭受伽馬射線照射；神奇4俠飛過了一團輻射雲；夜魔俠兒時曾接觸過放射性物質；而美國隊長則喝下了特殊配方藥水並接受「生命射線」照射。

他們全都成為了超級英雄，因此輻射肯定是獲得超能力的秘訣！

事實上……

我們一直都曝露於輻射中，不過劑量非常低，我們使沒有察覺。輻射來自地面與太空，甚至源自手提電話。接觸大劑量輻射會有顯著效果——那大概就是死亡。即使能夠死裏逃生，也會出現一連串不適徵狀，例如嘔吐、腹瀉、牙齦疾病、脫髮等。

超級英雄只存在於故事中是有原因的，因為在現實生活中他們早已經死掉了。

結論：

怪異的天氣

大量泡沫直捲陸地！

你聽說過以下的天氣嗎？

> 雨、霧、雨夾雪、雹、陽光、毛毛雨、靄（薄霧）、雪、泡沫……

泡沫？沒錯，就是泡沫。2011年12月，在英國的海岸城市克利夫利斯遭風暴吹襲，其後留下一堆白色的東西覆蓋街道與車輛。那些白色的東西是泡沫，不是雪。部分地區的泡沫高達1米厚。那是當地一年內第三次發生同類情況了。

那些泡沫似乎是從海上被強風吹到岸上的。最初沒有人知道它們是由什麼形成的，令人憂慮它們是否某種海洋污染物。然而，那些泡沫也可能含有一些微細的海洋生物的遺骸，它們有時會被風勢與海面狀況推擠在一起。不論泡沫的成因是什麼，它們也肯定不會是你喜歡在浴缸中看見的那種泡沫。

在赤道的南北兩側，水會以不同的方向流進排水孔？

地球會旋轉，這就是為什麼我們會有黑夜與白晝。不過這並不是地球旋轉帶來的唯一影響。它也與天氣規律有關，而這是建基於一種名為「科氏效應」的現象。這是一套相當複雜的理論，涉及物體如何移動，亦常被用於解釋為何在地球赤道的北方與南方，水會以不同的方向旋轉，流進排水孔。

事實上……

水流進排水孔的方向與多種因素有關，例如：洗手盆的設計、在拔走排水孔塞子前的水流方向，還有塞子如何被拔出來等。科氏效應在這細小空間內能發揮的力量太微小，不會產生出任何可見的效果。

結論：

世上沒有兩片雪花是相同的？

雪花是自然界裏其中一種簡單而又美麗的事物。雪花是從雲上掉下來的冰結晶，可以是單一顆冰結晶，或是由許多冰結晶結集而成。不過，雪花都有一個共通點：不論由多少冰結晶形成，雪花全都是六角形的，因為那就是冰結晶的形狀。如果所有雪花都是六角形的，那是否代表它們全都一模一樣？

★事實上……

雪花的形狀受許多因素影響，例如空氣有多潮濕或多寒冷等，都對雪花的形狀有重要影響。每一顆冰結晶都是六角形的，不過在基本外形框架以內的變化卻多得令人驚訝。例如有些雪花擁有六根長針狀的分支，有些則擁有恍如繁花一般的分支。各種雪花形狀出現的可能性的確無窮無盡，因此沒有任何兩片雪花是完全相同的。

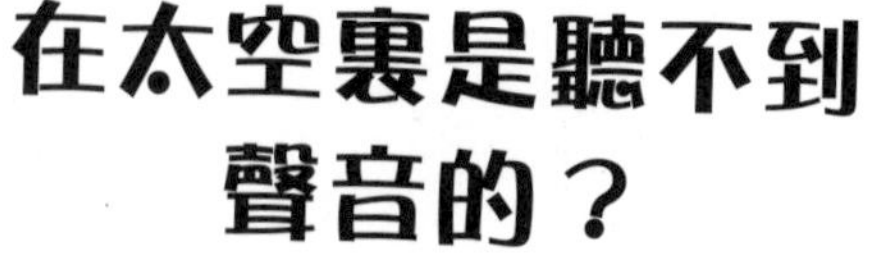

在太空裏是聽不到聲音的？

聲音真神奇。它能傳到遙遠的距離，而且速度驚人，但有時即使最響亮的聲音你也無法聽見。例如大象能發出一種聲音傳送至數公里外，而鯨魚的歌聲也能夠傳播數百公里，只是人類不會聽見，因為牠們發出的某些聲波頻率低於我們能聽見的範圍。不過，人類的叫聲我們是能夠聽見的，如果我們身處寂靜的太空中張口大叫，應該能聽見彼此的叫聲吧。

★事實上……

聲音在空氣中的傳播速度為每小時1,225公里。不過更令人難以置信的是，聲音在水中的傳播速度比空氣中快4倍，原因是聲音需要依靠粒子之間互傳振動來傳播。水中的粒子較空氣中的更接近彼此，因此聲音傳播得較快。不過太空裏沒有粒子，所以聲音根本無法傳播。你可以隨意大聲尖叫，可是沒有人會聽見。

結論：

噴嚏的殺傷力比子彈更大？

子彈是殺害或傷害某人的有效方式。要讓它具備在空中飛越的力量，就需要引爆用的火藥。如果子彈撞上某人，情況便會相當糟糕了。另一邊廂，噴嚏是有東西刺激鼻子時而產生的反應。哪個情況更危險應該顯而易見吧。

★事實上……

噴嚏是傳播病菌非常有效的方法，而病菌可以極為危險。1918年第一次世界大戰結束，死亡人數達1,700萬人，而同年亦爆發了西班牙型流行性感冒。疫症傳播至世界許多地區，導致大約4,000萬至7,000萬人死亡，死亡人數比世界大戰還要多。所以在打噴嚏時，你要準備好紙巾掩住口鼻，不要散播病菌了。

結論：既是

，也是**純屬傳聞**

致命科學

為科研而犧牲的科學家

一場追求高速的意外

也許在現今看來這事有點匪夷所思，不過在汽車與電單車研發初期，沒有人清楚這些車輛的最佳能源是什麼。在數年裏，蒸汽動力非常受歡迎，例如在1906年，世上最快的汽車正是由蒸汽推動的。

其中一位在美國推廣蒸汽動力車輛的先驅，就是西爾維斯特．H．羅珀（Sylvester H Roper）。他於1869年製造了他第一輛由蒸汽驅動的電單車。那是一台嘈吵、冒出大量濃煙的機器，會令馬匹受驚。其後，他亦製造了一輛由蒸汽驅動的「馬車」。它看似一般由馬匹拉動的馬車，但裝上了一個蒸汽引擎來代替馬匹。

不過電單車似乎是羅珀真正的興趣所在。1896年，他發明了一輛電單車，當他在波士頓一個單車比賽場地展示這輛電單車的性能時，它快得讓單車選手也無法跟上。羅珀相信自己的電單車能走得更快，於是將它的速度推至極限，結果馬上撞毀了。羅珀未能存活下來。

怪異的天氣

夏日居然降雪！

有些天氣狀況是你意料之內的。例如在英國，夏天應該陽光普照又温暖，而冬天應該又濕又冷，而且很大機會下雪。然而，天氣有時似乎忘了遵守這些基本規則。

夏日降雪似乎會隨機地在全球各地發生，並且往往在降雪地區以外的其他地方正遭受夏天的熱浪侵襲。2011年7月，中國四川的降雪令一條高速公路受阻。2010年，澳洲的新南威爾士州經歷了攝氏45度的夏日高温，但在一星期後卻下雪了。

如此奇怪的現象有時是由於不合時節的寒冷氣温、潮濕的天氣，與降雪地區的高度等因素結合所致。不過，當你穿着短褲和T恤時卻突然遇上降雪，真的會嚇一跳呢。

月球的其中一面永遠是漆黑一片的？

「月光」這種說法，聽來彷彿月球像太陽一樣會自行發光。其實月球不會發光，我們看見月球是因為它被太陽照亮了。不過我們看見的月球是怎樣的？

當你在不同的日子望向月球時，你會看見月球有盈虧。它會變成圓圓的滿月，然後變回彎彎的新月，周而復始。不過，我們看見的總是月球的同一面，不能看見它的另一面。這令許多人推測，月球不會旋轉，因此月球上有一個「黑暗面」永遠不會被太陽照亮。

★事實上……

以上的兩個推測都弄錯了。首先，月球確實會旋轉，只是它的自轉速度與圍繞地球的旋轉速度幾乎相同，因此我們總是看見月球的同一面。其次，月球圍繞着太陽旋轉時，它的每一面都能接觸到陽光。當我們看見新月，即月球看似幾乎不存在時，月球便位於地球與太陽之間。那時候，被我們視為月球「黑暗面」的地方正受到陽光照射。

結論：

純屬傳聞

聆聽莫札特的音樂能令嬰兒變成天才？

1993年，科學家公布了一項驚人發現：只要播放著名奧地利作曲家胡爾夫岡．莫札特（Wolfgang Mozart）的音樂作品，人們在智力測試中的表現會較聆聽其他音樂或不聽音樂的人出色。這個發現被稱為「莫札特效應」。科學家亦以學前兒童作為類似測試的對象，而這些兒童聽過莫札特的音樂後，似乎也表現得更好。按邏輯推論，向未出生的胎兒與新生嬰兒播放莫札特的音樂亦應該有好處。

★事實上……

「莫札特效應」極具爭議性，因為有些科學家無法重現相同的測試結果。此外，這個效應會在大約12至15分鐘後消失（但在兒童身上的效果會較持久）。更糟糕的是，一名參與過最初測試實驗的科學家其後亦指出，沒有證據顯示莫札特的音樂能令嬰兒更聰明。

結論：

一不小心……傑出科學家也會出錯

支持放血療法的蓋倫

克勞迪亞斯．蓋倫（Claudius Galen，129-200）是一名為羅馬角鬥士（古羅馬競技場上的鬥士）治療的古希臘外科醫生。全賴那些可怕的傷勢，讓他有大量機會去研究人體是如何構成的。由於蓋倫的醫術似乎相當了得，他最終獲聘為羅馬皇帝馬爾庫斯．奧列里烏斯（Marcus Aurelius）的私人醫生。

沒有了川流不息的傷兵，蓋倫便有更多自由的時間。他比前人更仔細地研究人體的結構與它的運作情況。他的發現成為了未來千年間醫學知識的基礎。

不幸的是，蓋倫弄錯了一些事實。例如他認為肝臟會製造血液泵至全身、心臟內的氣體是用來控制體內的血液和體溫、認為人會生病是因為血液過多而支持放血療法。好吧，你也不可能做每件事都正確無誤的，對吧？

太空裏是沒有引力的？

引力是讓我們留在地面上，並阻止我們漂浮到太空裏的力量。如果離開地球到太空去，無論是人或物件，甚至是液體，只要沒有被固定起來就會到處漂浮。那些在新聞或紀錄片中播放的太空人在太空中生活的情景，不正是這些畫面嗎？

★事實上……

離開地球越遠，地球的引力便越微弱，因此太空人在太空時，會在太空船裏到處漂浮。然而這並不代表太空沒有引力，相反，太空裏有大量引力。例如地球的引力保持月球圍繞着地球運行、太陽的引力令八大行星圍繞着它運行。沒有了引力，我們便可能到處亂滾了。

結論：

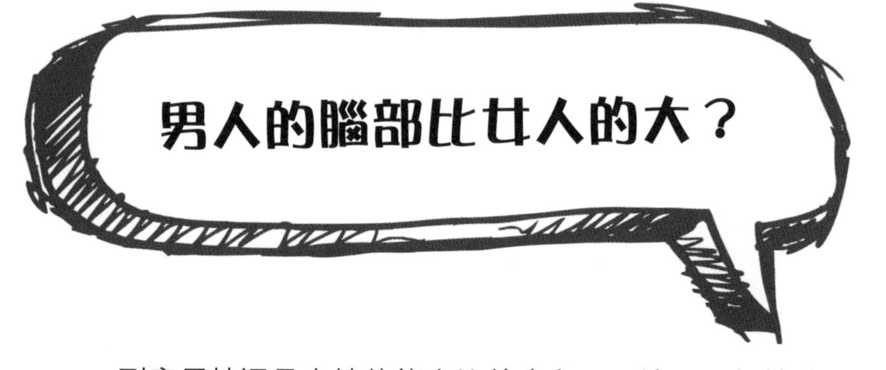

男人的腦部比女人的大？

到底男性還是女性的能力比較出色呢？這是一個持續不斷的爭論問題。只要地球上仍然有男性和女性，這個爭論亦將永無休止。其中一個主要的爭論焦點就是誰較聰明，即誰的腦部較大？

★事實上……

多項研究顯示，嬰兒出生時，男嬰傾向擁有較大的腦部。然而，他們的身體亦較大，而且擁有相近體形的女嬰亦會擁有和男嬰相近大小的腦部。雖然隨着成長，男性的腦部傾向較女性的大10%左右，不過這是否代表男性較聰明？不是的，因為研究也顯示男性擁有較大的頭部。此外，腦部有多大並不重要，重要的是如何運用智慧。

結論：

一不小心……
傑出科學家也會出錯

把簡單事情弄錯的亞里士多德

亞里士多德（Aristotle，公元前384-前322）是古希臘人，是一名多才多藝的天才。他研究過生物學、物理學、數學及哲學，也是史上偉大的思想家。

亞里士多德是世上第一個嘗試將動物分類成不同科屬與品種的人。他的系統與今天我們仍然採用的系統非常相似。他重視研究與實驗，而且會以科學及符合邏輯的方式思考問題。

不過，他也弄錯了許多事情。例如他認為地震是由地下的風引起的、宇宙沒有開端並且永不終結。有些錯誤其實可以很輕易就能查證核對，卻還是弄錯了。例如他認為女性擁有的牙齒比男性的少、蒼蠅有4條腿等。

亞里士多德證明了，不管你有多聰明，也有機會弄錯某些事情。

芭比娃娃是以真人為藍本製作而成的？

自芭比娃娃於1959年公開面世以來，它就成為了暢銷全球的商品。它的出生是由於芭比娃娃的發明者羅絲·漢德勒（Ruth Handler）有一次看見女兒芭芭拉（Barbara）為一些紙娃娃穿衣服。她察覺到女兒較喜歡樣子成熟的娃娃而不是嬰兒寶寶，於是產生了參考真人製作芭比娃娃的念頭。

★事實上……

芭比娃娃也許是根據芭芭拉的名字來命名的，但那就是它與現實世界唯一的連繫。芭比娃娃的比例與真人完全不同：她的腿與脖子太長，腰肢太纖幼，而雙腳太細小。

人類的頭部又大又沉重，令平衡身體成為難以掌握的技能，也是幼兒經常跌倒的原因之一。如果真正的人類體形和芭比娃娃相似，擁有細小的腳和巨大的頭部，他們大部分時間都可能在忙着跌倒！

結論：純屬傳聞

近距離看電視會令你馬上患近視？

電視機於1950年代開始普及，生動的畫面容易讓人看得目不轉睛，甚至不自覺地向着電視機越靠越近。然而，人們常說不應該坐得太近電視機看電視，那會損害視力的。

★事實上……

如果有一齣電視劇非常吸引你，令你有一次情不自禁坐得太近電視機看電視的話 —— 不用太擔心，你不會即時患上近視，最多可能是感到眼睛乾澀、眼部肌肉疲勞、短時間看東西有點模糊等（即是出現假近視）。不過，如果你長時間都近距離看電視的話，那麼假近視可能就會變成真近視了。提提你，電視機會放出輻射，雖然液晶電視的輻射較少，但也不宜太接近它。

結論： 主要是 **純屬傳聞**

時空旅行能夠成真

時空旅行的構想令許多科學家與電影製作人都着迷不已，但若要仔細思考它的概念和它實際上如何運作，卻可能會令你感到頭昏腦漲。為什麼會這樣說呢？

① 你認識的現在將不再存在。過去世界的任何轉變都會改變一連串的事件，並導致未來的一切有所不同。

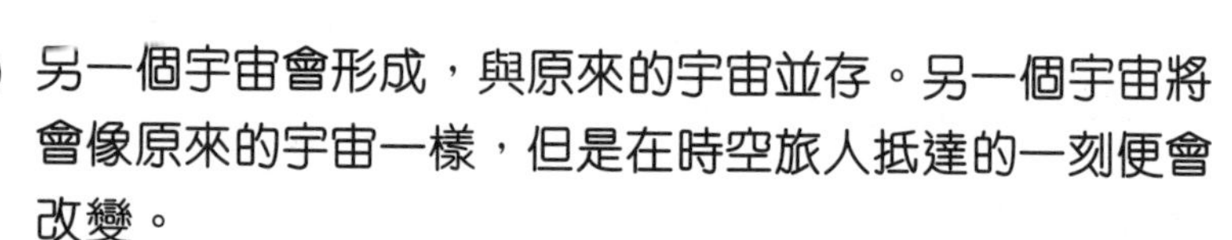

② 另一個宇宙會形成，與原來的宇宙並存。另一個宇宙將會像原來的宇宙一樣，但是在時空旅人抵達的一刻便會改變。

在電影《回到未來》（*Back to the Future*）中（一名科學家利用一輛舊跑車製造出一部時光機），上述的兩種情況都發生了。然而，這是不可能的，因為這兩種情況中只可能有一種發生。不過，藉由時空旅行回到過去的最大問題是在於它並不可能發生。你要回到過去，便要走得比光速更快，而頂尖科學家阿爾伯特．愛因斯坦（Albert Einstein）已告訴我們，沒有東西比光走得更快，包括舊跑車。

番茄是屬於水果？

我們都知道水果和蔬菜的分別：水果是健康的食物，你可以當作零食或甜品享用；蔬菜也是健康的食物，但主要是做成不同的菜式伴飯吃。為了讓你證明自己能清楚分辨哪種是蔬菜，哪種是水果，快來試試這個簡單的測試吧！

請分辨以下的食物是水果還是蔬菜。屬於水果的，請在食物名稱旁邊加✓；屬於蔬菜的，請加○。

(a) 番茄
(b) 橙
(c) 椰菜
(d) 洋葱
(e) 南瓜
(f) 蕪菁（大頭菜）
(g) 京葱
(h) 蘋果
(i) 香蕉
(j) 馬鈴薯
(k) 豌豆

(l) 玉米

(n) 紅椒

答案： 水果：a、b、e、h、i、k、l、n、o；蔬菜：c、d、f、g、j、m

★事實上……

在植物學的分類中，番茄是一種水果，而許多你以為是蔬菜的食物其實也是水果（也就是果實，水果是指多汁的果實）。要分辨蔬菜和果實的簡單方法，就是果實有種子，而蔬菜沒有種子。豌豆內的豆和玉米粒其實是種子，因此它們都是果實。嚴格來説，堅果也是果實，就跟小麥的麥穗或其他穀物一樣。

當然，我們如何運用這些形形色色的水果和蔬菜才是真正重要的。就像一句格言所説：

「知識就是知道番茄是一種水果；智慧是就知道不要將它加進水果沙律裏。」

我們不知道這句話是誰説的，不過的確有道理。

怪異的天氣

在雷暴下出現神秘火焰！

可能你會認為，如果水手看見他們的船桅起火，肯定會嚇壞了，然而事情並非總是如此。

自古以來，水手便不時看見他們的船桅末端發出光，看似有一團奇異的火焰燃燒，但不會造成任何損害。水手將這些火焰視為幸運的象徵，並以水手的守護神聖艾爾摩來命名，稱為「聖艾爾摩之火」。

事實上，水手看見的是一種由電產生的火花，火焰是藍白色的。它是大氣裏有大量電力而產生的效果，例如區內有雷暴等。

這種現象不只令船隻受影響，高聳的尖塔和牛羊等牲畜的角尖亦可以發出這樣的光芒。

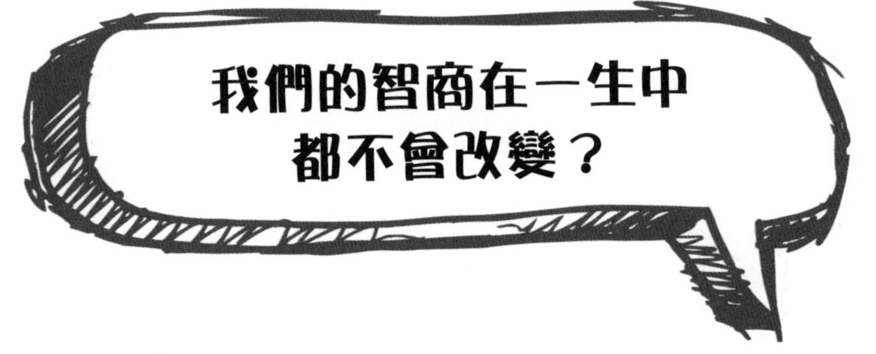

我們的智商在一生中都不會改變？

智商全稱智能商數，是透過測試以評估人在某年齡階段的智力。如果科學家要量度你的智商，會先衡量出你的心智年齡（經過一連串測試來得出結果），再將它除以你的實際年齡，然後將結果乘以100，最終的數值便是你的智商。智商100據説是平均數值。

相信你會認同，人們在20歲的時候會比5歲的時候了解更多事情，因此他們的智商顯然會有所提升，不是嗎？

★事實上……

智商測試會隨年齡調整。在你18歲後，便會棄用「心智年齡」這概念，改為將你的測試結果與其他同齡者的平均得分作比較。因此，雖然你可能認識了更多事情，但你的智商在你一生中大約都會維持相同。

結論：

鑽石是在火山中產生的？

大概你也聽說過類似的話：沒有女孩是不愛鑽石的、鑽石是女孩的至愛等等。雖然你或你身邊的女孩也可能是例外，但這些話語無非是想表示鑽石非常珍貴，價值連城，任何人都想要一顆而已。

鑽石基本上只是一團緊緊地壓在一起的碳，不過經過切割與打磨後，便會展現出獨一無二的美態。正因如此，鑽石在歷史中一直備受推崇，也常被用於製作珠寶，直到今天也是如此。人們至今發現的最巨型鑽石稱為「庫里南」，它是英國王室的御寶。

鑽石也是地球上最堅硬的自然物質。它可以用於工業用途，執行不同的任務，例如切割其他物料，或是將物質磨碎。

到底如此有用的物質是如何產生的呢？許多人認為鑽石可以在煤層產生，因為煤基本上也是壓縮過的碳。

★事實上……

鑽石比第一棵誕生的植物還要古老。由於煤是由植物的遺體形成的，因此可以排除煤層可產生鑽石的想法。要形成鑽石，便需要有極大的壓力和極高的溫度，即是大約攝氏1,050度便夠了。唯一同時符合這些條件的地方，就是地球的地幔，它位於地球表層的下方。鑽石要離開地幔來到地面上，最天然的方法就是趁着火山爆發時坐上順風車。

結論：真有其事

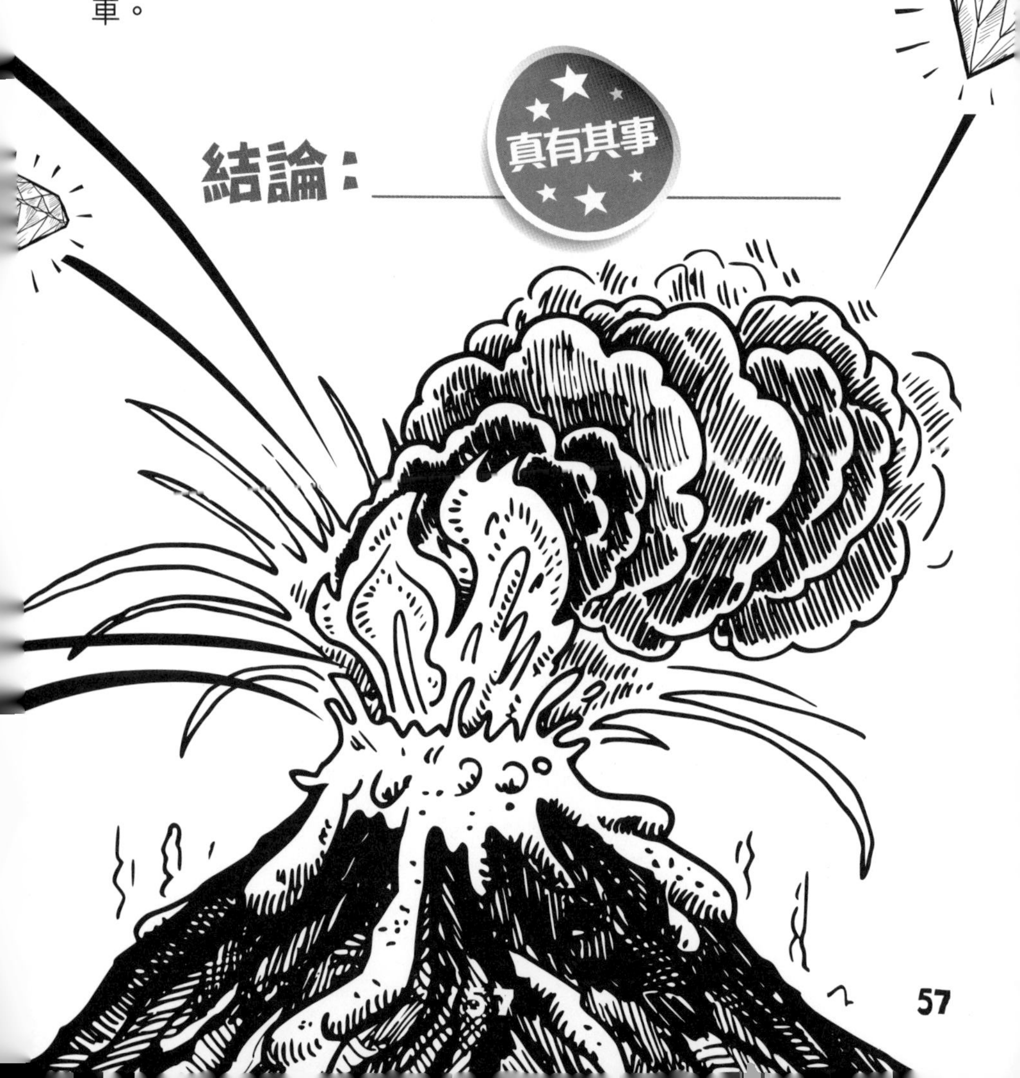

致命科學

為科研而犧牲的科學家

成為世上第一名空難死者

在1783年的法國，孟格菲兄弟（Montgolfier brothers）發明的無人熱氣球首次公開升空。他們的終極目標就是讓載人熱氣球升空。不過誰來負責飛行呢？

挺身而出的是讓—弗朗索瓦·皮拉特爾·德·羅濟耶（Jean François Pilâtre de Rozier），他是一名教師、化學家和發明家。他那短短的飛行旅程為他帶來名與利，並推動他在熱氣球的新世界中展開更多的實驗研究。不過這份熱情非常短暫。

1785年，羅濟耶嘗試跨越英倫海峽，那只是他的第三次飛行旅程。這次他乘坐的是他自製的熱氣球，採用熱空氣和氫氣來推動。氫氣是一種比空氣更輕的氣體，但也是極為易燃的氣體。羅濟耶的氣球在半空中着火，他不幸地成為了遭遇世上第一場空難的死者。

電影中的不合理科學

有些電影娛樂性高，但情節不太科學！

人死可以復生

英國作家瑪麗．雪萊（Mary Shelley）在19世紀創作出小說《科學怪人》（*Frankenstein*），並被改編成無數齣電影。故事講述一個名叫弗蘭肯斯坦博士（Dr Frankenstein）的瘋狂科學家將多具屍體的不同部分縫合在一起，並用電力將他的作品變成活生生的怪物。

雪萊也許是受到路易吉．伽伐尼（Luigi Galvani）的研究啟發。這名意大利科學家留意到電力會令青蛙屍體的腿移動，於是認為電力是生命不可或缺的一部分。他的實驗可說是前無古人。

不過他的結論也是錯誤的。要讓人活下來，需要的並不只是電力。即使弗蘭肯斯坦博士能將屍體各部分的所有靜脈和動脈連接起來，也會因屍體各部分有太多腐壞、嚴重失血和組織破損的情況，令他的創造物不可能活下來，更別說要移動了。

在地球以外的行星上也有生命？

地球以外有外星人嗎？嗯，在回答這問題之前，應先找出我們所說的外星生命是什麼意思。科學家會說，從乘坐飛船到處穿梭的小綠人，到細小得無法看見、依附在小行星上的微小細菌等，都是外星生命。外星生命的涵蓋範圍如此廣泛，這個宇宙怎可能只有我們這羣地球人類的存在呢？可以肯定地說，在數以億計的星球上，最少有一個行星上會有某種生命隨着它一同運轉。

★事實上……

我們暫時還未找到任何外星生命，不過科學家仍在尋找。多年之前，一顆來自火星的隕石降落地球，上面有一些疑似是太空細菌的化石，不過目前還未肯定。

現在，科學家正集中搜索與地球相類，而且圍繞恆星運轉的距離大約等同地球與太陽之間距離的行星。許多科學家相信，地球擁有我們所知孕育生命最合適的條件。地球有水源，溫度不太熱也不太冷，令像地球一般的行星獲得一個暱稱 —— 適居行星。

要找出像地球一般的行星是非常困難的。許多行星是由氣體組成，例如木星，因此它並沒有一片可以讓我們腳踏實地的地面。其他行星也有不同的問題。然而，科學家現時認識了最少54個與地球相似的行星。

另一個有趣的發現則來自地球本身。在美國加州曾發現一種新型細菌，牠能夠在此之前科學家不認為能讓任何生命生存的環境下存活。雖然這個研究結果具有爭議性，但仍啟發了我們的想像空間 —— 外星生命的存在還有更多可能性！

結論： 

至少目前是這樣……

泳手會剃去腿毛以便游得更快？

在許多不同的運動項目中，不論男女，參賽的運動員都會把腿毛剃掉。大部分人認為，這是由於腿毛會令運動員的速度變慢。這似乎非常合符邏輯。畢竟，你有見過毛茸茸的跑車嗎？又或者想一想跑得飛快的動物，例如格雷伊獵犬、叉角羚、獵豹等，牠們都沒有蓬鬆的大毛衣，對吧？

★事實上……

運動員會基於不同的原因剃毛。健身運動員剃毛是為了讓自己更好看、單車手剃毛是為了應付摔下單車的情況——那會讓他們治療雙腿時較容易。泳手剃毛是因為腿毛會讓他們在水中前進的速度有微小的差異。這微小的差異是否值得他們去剃毛呢？在游泳比賽中，第一名和第二名的差距有時只有百分之一秒之微，因此答案顯然是非常值得！

結論：

隕石撞到地面上時，都是熱得滾燙的？

你見過流星高速劃過夜空嗎？那其實並不是一顆星，而是一顆隕石。隕石是來自太空的岩石，在高速穿越地球的大氣層時因與空氣摩擦而產生熱能，令它燃燒起來。既然有熱能產生，這種能量肯定會令隕石變熱，對吧？

★事實上……

太空真的很冷，因此來自太空的岩石也很冷。岩石在快速穿越地球大氣層的瞬間並不足以令它徹底變熱。此外，岩石的外層會在燃燒之際飛脱，因此當它撞上地面便變成了隕石 —— 即科學家對抵達地面的流星的稱呼。隕石降落地面時可能微溫或是涼涼的，但至少不會熱得滾燙。

結論：

一不小心……傑出科學家也會出錯

可以被控意圖謀殺的詹納

英國醫生愛德華．詹納（Edward Jenner，1749-1823）的科研成果並沒有錯，只是他的研究方式在今時今日會惹來不少非議，甚至很可能會被拘捕。

詹納最為人所知的成就，就是找到天花的治療方法。天花在19世紀前是一種常見疾病，也很可能是當時最致命的兒童殺手。不過，詹納留意到擠奶女工似乎從來不會感染天花，只是會偶然從牛隻身上感染一種輕微的疾病，稱為牛痘，不過這種病不會致命。詹納想知道如果有人染上牛痘，他們是否可避免感染天花。

從他產生這個想法開始，他的行動在今天便可能被視為錯誤了。為了測試他的理論，他為一個名叫詹姆士．菲普斯（James Phipps）的8歲男童注入牛痘患者的分泌物。然後，詹納嘗試令菲普斯染上天花。菲普斯沒有染病（幸好如此，不然詹納便可能被控意圖謀殺了）。詹納更以自己的兒子做實驗來測試那套理論。所有人都活下來，詹納成功了。

臭氧對人是有益的？

科學有時會令人非常困惑。以太陽為例，如果沒有太陽，我們很快便會死掉。因此我們得出的結論是太陽是有益的，而臭氧存在於我們的大氣層中會阻隔陽光，那麼臭氧肯定是有害的。

錯了！臭氧能阻隔來自太陽的有害光線，以免我們受到傷害，所以臭氧是有益的，換言之，太陽（有時）是有害的了。

★事實上……

臭氧對你有害。什麼？不用詫異，臭氧的確對你有害。當臭氧在大氣層的高處時，它很有用；但當空氣污染導致大量高濃度的臭氧在我們身邊產生時，它便是個噩夢，因為它會導致我們呼吸困難，甚至死亡。因此高處的臭氧是有益的，低處的臭氧是有害的。

早已告訴你，科學有時會令人非常困惑！

鼻子可以用來品嘗食物？

你的鼻子真的很有用。它擅長嗅出氣味，還能過濾吸入的空氣中的微小粒子。你的舌頭也非常有用，特別是用來嘗出食物的味道，還有伸出來向人扮鬼臉。由此我們明白到：鼻子是用來嗅氣味的，舌頭是用來品嘗味道的。

★事實上……

雖然你會用舌頭品嘗味道，但它只能做到一些相當基本的工作。舌頭能分辨甜、酸、苦、鹹和鮮味（一種令人喜愛的味道），只是如此而已。然而，鼻子能給你食物的氣味，令由舌頭品嘗出來的味道更豐富和具體。你的鼻子能辨別出數千種不同的氣味，而腦部會運用這些資料與味道的資料互相配合，讓你全面感受到你正在吃什麼。

如果你不相信，那麼試試在鼻塞時吃點東西，你會覺得食物的美味程度減半。

結論：

頭部是你流失最多體熱的地方？

在寒冷的日子裏，戴上帽子是很好的保暖方法，因為你會經頭部流失多達45%的體熱。戴帽保暖是非常好的建議，連美軍也曾研究過，並在1970年將這個建議列入其中一本訓練手冊中。

★事實上……

實驗結果是否可靠跟實驗本身如何進行有關。美軍的實驗要求軍人穿上北極用的裝備，然後讓他們感到非常冷。實驗結果顯示，最多熱能透過頭部流失，不過那是因為頭部是軍人身上唯一未被遮蓋的部分。如果當時的軍人只戴上毛茸茸的大帽子和穿內褲，實驗結果便會顯示大部分體熱是從軀幹、手臂和腿部流失的。

你的頭部並不會比身體其他地方更快流失熱能，不過在天氣寒冷時戴上帽子仍是個好主意。

結論：

光的前進速度為

要有多快才算快？舉例說，跑步比步行快，但跑車比跑步快。快來完成以下的小測試，看看你能不能找出誰比較快。

請在動物名稱旁邊寫上數字1至6，為牠們的速度排序。1代表最快，6代表最慢。

答案：

1. 游隼（大約每小時200公里）
2. 獵豹（大約每小時100公里）
3. 馬（大約每小時60公里）
4. 奧運短跑選手（大約每小時37公里）
5. 樹懶（大約每小時0.24公里）
6. 蝸牛（大約每小時0.001公里）

每小時30萬公里？

雖然奧運短跑選手的速度對蝸牛來説也許快得不可思議，但他在游隼面前還是相形見絀。不過游隼的速度與光速相比又會怎樣呢？要談論光速也許很奇怪。你按下燈掣，光便立即出現了，不是嗎？

光似乎會立即出現，是因為它以快得令人難以置信的速度從燈泡抵達你的雙眼，這速度連游隼也自愧不如。不過，要有多快才算快？每小時30萬公里算快嗎？

★事實上……

光速要比這速度快非常、非常多，大約是每秒30萬公里。目前還未發現其他東西比光跑得更快。

雖然這代表光從燈泡射出後，幾乎能夠馬上抵達你的眼睛裏，但在你觀察太空中星體之間廣闊的距離時，情況便並非如此。例如太陽距離地球大約1億5,000萬公里。這代表陽光大約需要8分鐘才能抵達地球，而來自遙遠星體的光芒則可能要數個月後才抵達地球。試想像一下，蝸牛要多少時間才能到達太陽或其他更遠的星體！

結論：

細菌對我們是有益的？

「你洗手了嗎？」

「你的手上布滿了細菌！」

「別吃，那很髒的！」

你有聽過這些話嗎？它們都是相當好的提醒，畢竟所有細菌都可能置人於死地。細菌是由單一個細胞形成的。試想想，如此細小的東西卻有強大的傷害力，真令人難以置信。不過，細菌是很神奇的東西。細菌不是植物，也不是動物，而是自成一國。細菌的厲害之處，在於繁殖速度非常迅速：細胞在極短時間內將自己一分為二，而新細胞也會自行分裂，如此類推，細菌就像一支不斷增生的可怕惡魔軍隊。

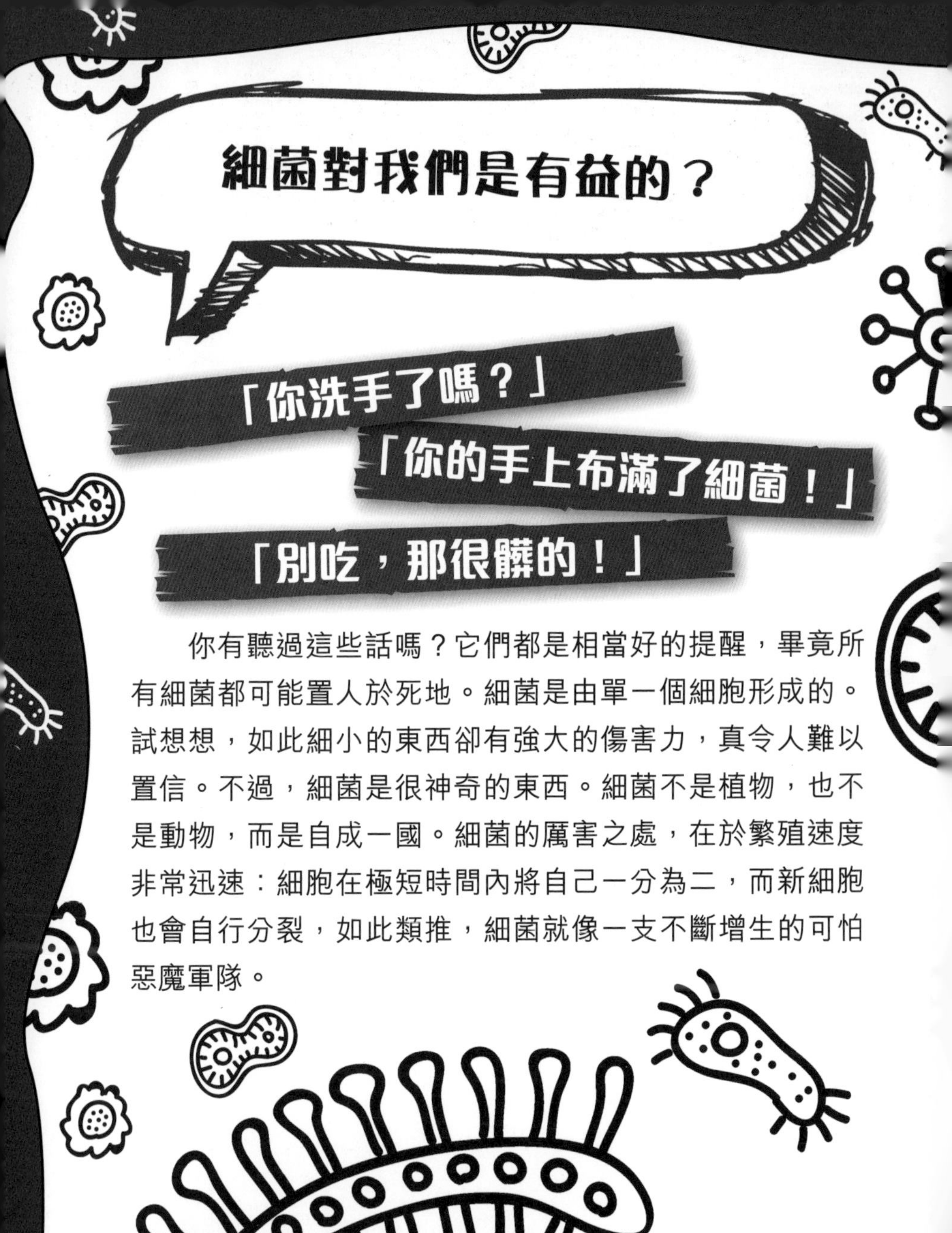

★事實上……

世上有許多不同種類的細菌可能對你有害，牠們被稱為病原體。不過沒有了細菌，我們也會有許多麻煩。我們的腸道內充滿了細菌，但牠們大部分是有益的。如果沒有牠們，我們便無法消化許多我們吃下的食物了。有益的細菌也能幫助我們的免疫系統維持健康。還有，我們的食物中有一些是由細菌令食物產生獨特的味道。舉例說，沒有細菌，我們便無法製造芝士和乳酪了。

因此，有些細菌是有害的，但有些細菌是有益的，更有些細菌是非常美味的！

腦細胞會隨着我們變老而死亡？

歲月會對人體帶來可怕的變化。毛髮會從你想要留住它們的地方（主要是你的頭部）掉落，而在你不需要它們的地方（你的鼻子和耳朵）長出來。你的皮膚變得皺巴巴的，視力越來越差，反應變慢，關節不時痠痛不已。更糟糕的是，由25歲開始，你的腦細胞便會開始陸續死亡。到了80歲，要是你還能做到任何事情，或記得任何事情的話，便算是難能可貴了。也許這就是大人總是忘東忘西的原因。

★事實上……

雖然腦細胞會死亡，但只要保持適當的運動量和均衡飲食，腦部每天仍然可以有大約700個神經細胞生長。所以，培養健康的生活習慣非常重要！

結論： 既是 

，也是 

太陽是最大的恆星？

人類以至地球上的生命都依靠太陽提供光和熱才能生存。太陽是距離我們最近的恆星，與我們之間僅相隔大約1億5,000萬公里。這距離在太空裏是微不足道的，因為下一個距離我們最近的恆星是比鄰星，大約位於40萬億公里外。由於太陽與我們非常接近，所以我們覺得它又大又亮。那麼，它會是宇宙裏最大的恆星嗎？

★事實上……

宇宙裏有很多大小不同的星體，有細小的矮星、中等大小的恆星、巨星和和巨大的超巨星。太陽在廣闊的宇宙裏只是一顆中等大小的恆星，十分普通。不過那是我們的恆星，我們都愛它。

結論：

一不小心……傑出科學家也會出錯

用望遠鏡直視太陽的伽利略

伽利略．伽利萊（Galileo　Galilei）於1564年出生於意大利比薩。他專研醫學、哲學及數學，不過他卻是在天文學界真正闖出名堂。

伽利略自製了天文望遠鏡，用以仔細觀察月球，還有太陽系中其他行星和衞星。他主張太陽是太陽系的中心，與當時認為地球是宇宙中心的理論互相牴觸。

伽利略亦曾利用望遠鏡觀察太陽，但並沒有採取任何保護眼睛的措施。這是異常危險的行為，因為猛烈的光線很容易會導致雙目失明。有些人相信，伽利略最終變成瞎子跟他所做的實驗有關。然而，很多證據顯示伽利略很快便發現用望遠鏡直視太陽會令眼睛很不舒服，於是改為在日落前進行觀察，後來又用投影法將太陽影像投射到紙上才觀察。雖然伽利略最初觀察太陽的方法不正確，幸好及時矯正。他的失明應該和觀察太陽無關。

我們全部人都擁有藍血？

在西方國家，國王、王后、爵士與夫人等都擁有藍色血液的概念是為何出現的，似乎已難以考究。不過，人們為什麼要對他們另眼相看呢？我們全都有藍血啊！你想要證據？看看你手臂上的靜脈是什麼顏色吧。看見了嗎？是藍色的血液。

★事實上……

你的血液是紅色的，就像你每次受傷時看見的那樣。不過別故意弄傷自己來驗證，因為……

1. 你可能會死。
2. 流出的血液會弄髒四周。
3. 那很痛。
4. 你可能會死。雖然剛才已說了，不過這點太重要，要說兩次。

血液是從血紅蛋白、鐵和氧氣的混合物而得到紅色的。血液中的氧氣越多，血液看來就越紅，但無論如何，我們的血液都不會變成藍色的。靜脈看似是藍色的，那是我們皮膚吸收光線的方式所致，即是皮膚反射藍光多於其他顏色的光。因此所有人的血液都是紅色的，包括皇室成員。

結論：

雨點的形狀就像淚滴？

你可能看過無數次這種情況：雨點懸在你的傘子上，或是掛在窗邊。你想要外出，但是無法出門，因為天空正在下雨。潮濕的天氣令人如此鬱悶，甚至雨點也看似是淚滴形狀。

★事實上……

你看見的是雨滴，而不是雨點。雨點有兩種基本形狀，這跟它們的大小有關。細小的雨點其實是圓圓的，確切地説，它們是球體，因為水的表面張力令雨點維持着那種形狀。直徑超過1毫米的雨點形狀較複雜，它們有點像一個扁扁的足球，因為雨點落下時遇上的空氣阻力會令雨點底部稍微被壓扁，改變雨點的形狀。

因此雨點有兩種形狀，但兩種都不像淚滴。

結論：

致命科學

為科研而犧牲的科學家

因輸血而受感染的波格丹諾夫

輸血是指將血液泵進人體以替補所失血液的程序。如果沒有輸血技術，許多手術便不可能做到，許多人便會因而死亡。因此我們會鼓勵成年人捐血，讓血液可在醫生治療病人時使用。

亞歷山大．波格丹諾夫（Alexander Bogdanov）是一名俄羅斯科學家，致力提倡輸血，並為輸血療法進行試驗，他自己也曾親身試驗多次。不過，他這樣做並不是為了活命，而是他認為輸血可讓他保持年輕健康。不幸的是，這個看法反而讓他出意外了。

現今捐贈的血液都經過小心檢查，確保不會包含任何病毒。波格丹諾夫沒想過這個問題，意外地為自己注射了受感染的血液，結果死了。

一不小心……傑出科學家也會出錯

低估炸藥吸引力的諾貝爾

阿佛烈·諾貝爾（Alfred　Nobel，1833-1896）是瑞典發明家，一個以他命名的重要獎項聞名世界，那就是諾貝爾獎，而為他帶來名譽與財富的則是他在建造業中的貢獻。

諾貝爾發現了一個使用硝化甘油來製造炸藥的方法。這種炸藥爆炸力驚人，但非常不穩定，如果不小心處理便會引起爆炸。諾貝爾的成功之處，便是找到一個方法令硝化甘油變得穩定，但同時保持它的爆炸威力。他將這種新發明稱為黃色炸藥。

沒多久，諾貝爾的公司便透過建造渠道，例如採礦或任何需要把東西炸開的工作，開拓出通往財富之路。對愛好和平的諾貝爾來說，炸藥是用於工業的，但事實上炸藥也會把人炸死的。各國政府毫不遲疑，紛紛利用諾貝爾的發明製造出威力強大的武器。

諾貝爾的失誤，可能就是沒有察覺到其他人並不像他同樣愛好和平。

陽光會令人打噴嚏？

在很久以前，人們已留意到從陰暗處走進陽光裏，很可能就會打噴嚏，連著名的古希臘科學家亞里士多德也記述過這種現象。這是否代表人們可能對太陽過敏？

★事實上……

全世界大約三分之一的人口身受這種情況困擾，科學家稱這種反應為「光噴嚏反射」。目前還沒有人能説出光噴嚏反射為何出現。科學家估計，它也許與腦部錯誤解讀來自眼睛的信息有關。當眼睛接觸到陽光時會稍微閉上，令腦部以為鼻子受到刺激，於是發出打噴嚏的信號。

或者下次你可以試試，從陰暗處走到太陽光裏之前戴上太陽眼鏡，可能會有助解決問題。

結論：

食肉植物可以吃掉哺乳類動物？

我們會吃植物、用它們餵飼動物，或是把它們視為野草而拔起來。有些想像力豐富的人，例如電影編劇，便會幻想植物向人類發動大報復，把我們吞噬殆盡。雖然在現實生活中不可能出現一棵兇猛的蒲公英沿街追趕人類，但也不代表我們可以輕視植物的「攻擊力」。

★事實上……

食肉植物確實存在，例如會吃昆蟲的捕蠅草或茅膏菜等。豬籠草就像一個活生生的壺子，盛載着一些稀薄的液體。動物會受豬籠草分泌的蜜汁吸引，然後掉進壺子裏被慢慢溶解，而豬籠草則會從中吸收生長所需的養分。較大型的豬籠草品種，例如菲律賓的阿滕伯勒豬籠草大得足以困住像鼠類般的小型哺乳類動物！

結論：

所有星球的引力都跟地球一樣

我們已經見識過科幻電影如何將小說情節混入科學中（詳見第29頁），因此即使電影裏有更大的謬誤也毫不教人意外了。假如有電影以陌生的行星為背景，片中便有可能犯下關於引力的嚴重錯誤。

你可能曾看過太空人在月球上趣怪彈跳的影片，那是月球上引力較小的緣故。不過，不論我們的電影明星出現在哪顆行星上，他們都會彷如身處地球一般可以腳踏實地到處走，不論新星球有多大或多小，那裏的引力總是和地球一樣！

如果現實生活真的是這樣，那麼科學家就不必考慮星球的引力問題，令尋找適居行星之路很輕易就能邁進一大步了！

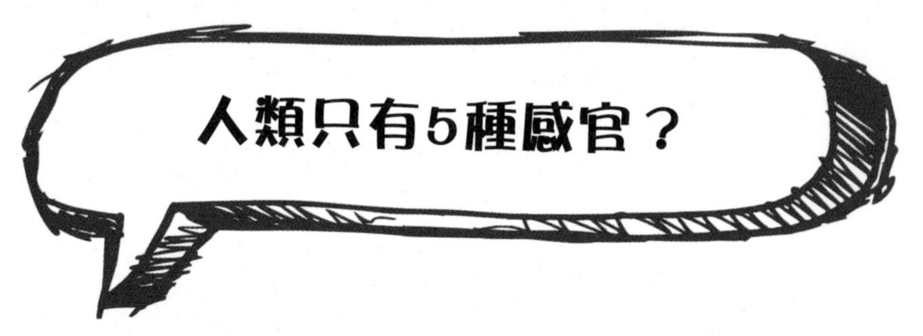

人類只有5種感官？

你的感官是讓你了解身在何方與正在做什麼的途徑。你的5種感官就是：視覺、嗅覺、聽覺、味覺和觸覺。當你的神經偵測到某些東西時，便會發出電子脈衝，然後透過神經系統把資訊傳遞到腦部，作為你的腦部要了解周遭發生什麼事，並思考如何作出反應時所需的全部資料。

★事實上……

現今的科學家相信，你也許擁有大約9至21種感官。它們包括感受痛楚、壓力、溫度，還有四肢與身體相對的位置等的能力。你可以輕易測試最後一種感官：閉上眼睛，舉起手臂。你知道手臂確實在哪兒，但你並沒有望着你的手臂，而手臂亦沒有碰到任何東西，或者被其他東西觸摸到。這樣看來，我們需要的感官似乎多於5種。

結論：純屬傳聞

一不小心……傑出科學家也會出錯

把地球變小了的托勒密

克勞狄烏斯・托勒密（Claudius Ptolemy，大約100 - 170）是羅馬帝國偉大的思想家和學者。他研究許多不同的科目，包括地球、數學、天文學和光學，即是光運作的方式與光的特性。他的概念在超過1,000年間，一直是科學思想的主流。

托勒密知道地球是一個球體並計算它的周長。他曾提出將地球以緯度和經度分成不同部分的想法，以令航行更容易。這套系統一直沿用至今。此外，他亦描述了行星是如何運轉的。

不過，他在兩個相當重要的概念上出錯。首先，他認為太陽和其他行星會圍繞地球運轉。其次，他對地球周長的計算令地球變得比實際細小。一千三百多年後，哥倫布在西印度羣島登陸，並以為那兒是印度，可能跟托勒密的錯誤計算有關。

望遠鏡是伽利略發明的？

伽利略利用他的望遠鏡取得一些重要的新發現。他研究了月球，記錄了月球如何由高地和平坦的「海」組成；他是第一個發現有數個衛星圍繞木星運轉；他也研究了金星，甚至太陽。與他的發現同樣引人注目的，就是他自行製作望遠鏡的事跡了。

★事實上……

儘管伽利略確實有自製望遠鏡，但他並不是第一個這樣做的人。我們不知道望遠鏡的概念從何而來，不過歷史學家相信可能是一個名叫漢斯．李普希（Hans Lippershey）的荷蘭人於1608年發明的。

伽利略製作出自家版本的望遠鏡時，當然並沒有見過現今的望遠鏡。不過他十分聰明，只是聽説過望遠鏡的功用，便自行摸索出望遠鏡如何運作，並且製造出來。從各方面來説，伽利略的望遠鏡在當時世界上是十分出色的。伽利略踏出了重要的第二步 —— 他參考新發明品並成功改良！

結論：

皺眉運用的肌肉比微笑多？

你全身上下都有肌肉。那是件好事，因為沒有肌肉，你便無法移動了。然而，你擁有的肌肉大概遠比你所想的多許多。舉例說，你知道單是在你臉上便有43條肌肉嗎？這似乎很多，不過試想想你能做到的那些林林種種的微細動作：提起眼眉、閉上眼蓋、張大鼻孔、打開嘴巴再閉上再打開，如此類推。這些動作都需要依靠多於一條肌肉，而微笑與皺眉亦是如此。

★事實上……

每個人每次皺眉和微笑的幅度都不同，很難準確計算出皺眉和微笑時運用的肌肉數量。大致來說，你要使用12條面部肌肉來展露笑容，皺眉則要使用11條肌肉。這也許令人認為要做出不快的表情花費的力氣較少，不過你用以微笑的肌肉要比皺眉使用的肌肉更常用，因此它們較強健，只需花很小的力氣便能活動起來。總而言之，微笑較容易，不過要用上更多肌肉。

物件會下沉，是因為它們比水更重？

將一根羽毛扔進河中，它會怎麼樣？它當然會浮起來。如果將一塊石頭扔進河中，它會「咚」一聲直往下沉。羽毛很輕，所以它會浮起；石頭很重，所以它會下沉。解說結束，之後要做什麼？

★事實上……

等一下，那些巨大的船隻是用什麼製造的？當然是金屬。那麼它們是如何浮起來的？原來這跟密度有關。雖然船的外殼以金屬製造，但其實內部留有大量空間，令船的密度比水小，船便能浮在水上。

因此，物件下沉和它們本身的重量無關，而是關乎它們的密度。

結論：

由風暴颳起的滿天沙塵！

沙塵暴是一種氣候災害，是強風颳起鬆散的物質，例如乾燥的土壤，而形成低懸的一團沙塵，令地面能見度可降至1公里以下。沙塵暴出現是糟糕的消息，除了可能破壞途經的地區外，發生沙塵暴的地區亦會損失珍貴的表土層。

沙塵暴可以非常龐大。例如2011年10月，美國亞利桑那州鳳凰城地區被沙塵暴吹襲。風暴經計算後大約有80公里寬，800米高，移動速度達每小時64公里。

類似的風暴在夏季月分裏出現得相當頻繁，既會在黃沙遍地的荒漠中出現，也會波及鄰近城市。

要對抗沙塵暴，其中一些有效的方法是廣植植被，減少水土流失；禁止破壞草原；阻止過度開墾等。

地球上最大的生物是一種蘑菇？

我們對植物一般不會有太深刻的印象：它們不會活動、不會說話，只會一直待在原地。除此之外，大概就是有些植物有花，有些沒有；有些有葉子，有些沒有。植物界似乎沒有什麼有趣的事情……不！有些植物也會做出令人印象深刻的事情。以竹子為例，它會以驚人的速度生長，一天內可生長達91厘米，快得幾乎能夠看見它長高；或者以大戟屬植物為例，它的種莢會爆開，以便發射種子時可盡量分布到最大範圍；或者看看會吃動物的捕蠅草與豬籠草（請參閱第80頁）；還有巨型的紅杉樹，它們能生長至驚人的110米，大約等同22隻長頸鹿的高度，肯定沒有任何生物比它更高了吧？

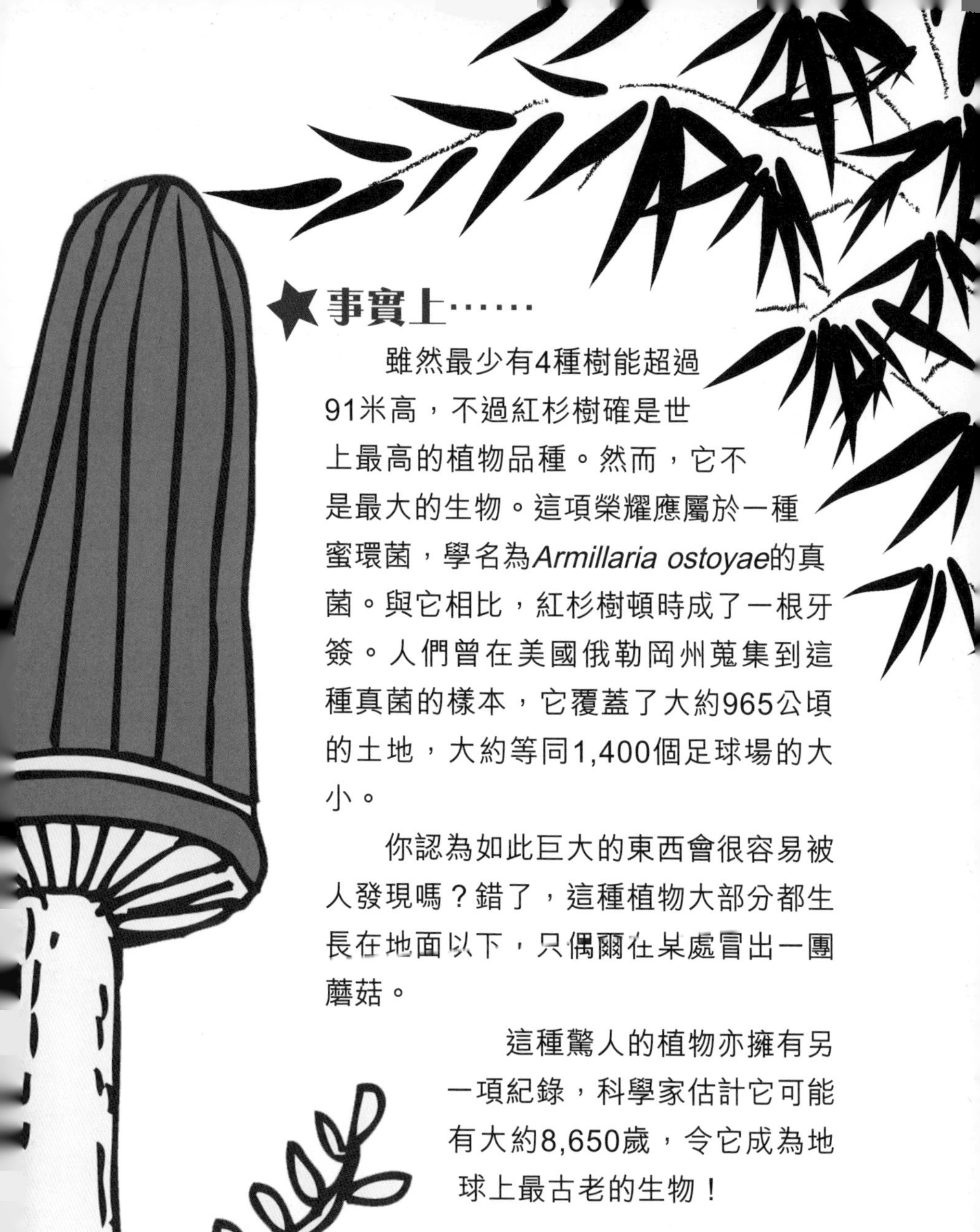

★**事實上……**

雖然最少有4種樹能超過91米高，不過紅杉樹確是世上最高的植物品種。然而，它不是最大的生物。這項榮耀應屬於一種蜜環菌，學名為*Armillaria ostoyae*的真菌。與它相比，紅杉樹頓時成了一根牙簽。人們曾在美國俄勒岡州蒐集到這種真菌的樣本，它覆蓋了大約965公頃的土地，大約等同1,400個足球場的大小。

你認為如此巨大的東西會很容易被人發現嗎？錯了，這種植物大部分都生長在地面以下，只偶爾在某處冒出一團蘑菇。

這種驚人的植物亦擁有另一項紀錄，科學家估計它可能有大約8,650歲，令它成為地球上最古老的生物！

結論： 真有其事

鳥兒可以站在電纜上，是因為牠們腳上有特殊的保護？

我們都知道電纜很危險。你不會想在輸電塔附近遊玩，因為只要觸碰到其中一根電纜，你便可能會死亡。

那麼，為何鳥兒可以站在電纜上而不會出現任何問題呢？那肯定是因為鳥兒的雙腳有某種絕緣物質，保護牠們免受電流傷害。

★事實上……

答案跟電力如何傳送有關。電力傳送需要一個起點和一個終點，還需要有一種連結讓它在兩點之間傳送電力，那連結就是電路。電力亦喜歡走最輕鬆的路線，而這就是鳥兒站在電纜上不會觸電致死的原因。因為電纜傳送電力的能力比鳥兒好，所以鳥兒站在電纜上時，電力仍會繼續沿電纜前進，鳥兒便不會受電力影響。然而，如果鳥兒一腳踏在電纜上，另一腳踏在其他東西上面，例如電線杆上，鳥兒便會形成新的電路，電力便會流過鳥兒的身體，然後被燒焦了。

結論：純屬傳聞

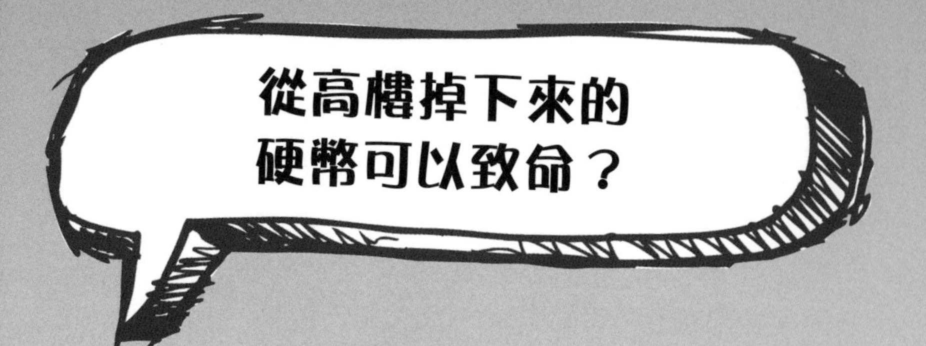

有人相信，如果從美國的帝國大廈與法國的艾菲爾鐵塔等非常高的建築物上掉下一枚小硬幣，它便可能會把人砸死，原因是從極高處掉下的硬幣速度會變得很快，甚至快得像顆子彈。

★事實上……

物體下跌時，施向物體的抗力也在增加，所以下跌的物體不會持續加速。相反，當物體達至「終端速度」，即是引力將物體牽扯至地面的最高速度的時候，物體便會以持續不變的速度落下。

硬幣的終端速度大約為每秒5.2米，然而，硬幣是無法順暢地穿越空氣的。它們的形狀不符合空氣動力學，因此它們會在空中晃動旋轉，令它們變慢。此外，高樓大廈周邊常有風陣陣吹過，也會令硬幣的下墮速度進一步減慢。

當硬幣抵達地面時，它能造成的後果很可能是令某人身上多了一處瘀傷。

結論：

純屬傳聞

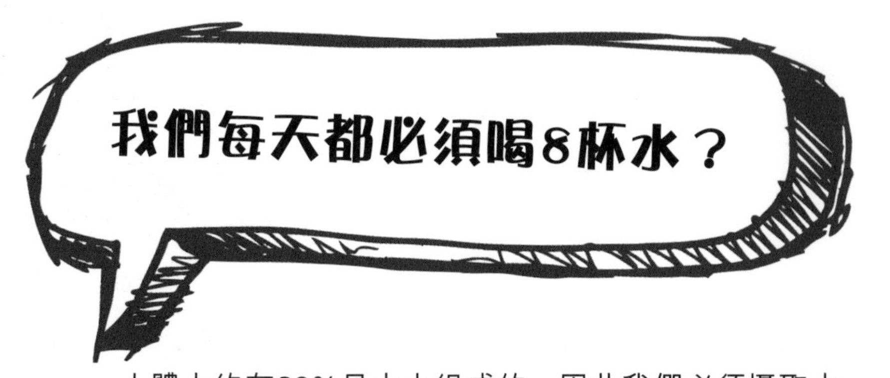

我們每天都必須喝8杯水？

人體大約有60%是由水組成的，因此我們必須攝取大量液體才能生存。人類需要水多於需要食物。你可能連續不進食70天才會餓死，但沒有水，你便會陷入脫水狀態，基本上無法支撐超過14天。

為了保持健康，你需要每天喝下大約8杯水，這已成為一個廣受接納的事實。

咕嚕！

★事實上……

儘管你每天需要的水分可能差不多相同，獲取的途徑卻不一樣。茶、牛奶，還有更重要的是食物—— 水果和蔬菜中也含有很多水分。此外，體形壯碩的男性比小孩子需要更多水分、天氣越熱、運動量越高，需要補充的水分也越多，因此你應該小心注意類似的普遍建議是否適用於所有的人。

結論：

所有行星都是岩石形成，並且表面布滿坑洞？

太空裏有許多岩石。除了我們可愛的地球外，還有許多行星、衛星、小行星和隕石。那麼多星體到處飄浮，肯定偶爾會發生碰撞意外。透過天文望遠鏡觀察月球，你會發現這些碰撞的結果：當隕石撞向月球表面，便會產生巨大的坑洞，令月球表面凹凸不平。

★事實上……

太空裏有許多岩石，但不是所有東西都是岩石。較大的行星主要是由氣體形成的，例如木星和土星。此外，坑洞較常出現在沒有大氣層的行星和衛星上。地球有大氣層，因此大部分隕石都會在半空中焚燒殆盡。月球沒有大氣層，因此每次遇上隕石都會被擊中。如果行星是由氣體形成，或者擁有大氣層，它便不會是岩質的或表面布滿坑洞。

結論：

真假大對決

輻射可給我們超能力？

——拆解科學之謎！

作　　者：保羅・夏里遜（Paul Harrison）
繪　　圖：艾倫・歐文（Alan Irvine）
翻　　譯：羅睿琪
責任編輯：潘曉華
美術設計：蔡學彰
出　　版：新雅文化事業有限公司
香港英皇道499號北角工業大廈18樓
電話：（852）2138 7998　傳真：（852）2597 4003
網址：http://www.sunya.com.hk
電郵：marketing@sunya.com.hk
發　　行：香港聯合書刊物流有限公司
香港新界大埔汀麗路36號中華商務印刷大廈3字樓
電話：（852）2150 2100　傳真：（852）2407 3062
電郵：info@suplogistics.com.hk
印　　刷：中華商務彩色印刷有限公司
香港新界大埔汀麗路36號
版　　次：二〇一九年十一月初版

Original title: TRUTH OR BUSTED — The fact or fiction behind SCIENCE
First published in the English language in 2012 by Wayland

Wayland
338 Euston Road, London NW1 3BH
Wayland Australia
Level 17/207 Kent Street Sydney, NSW 2000

Editor: Debbie Foy
Design: Rocket Design (East Anglia) Ltd
Text: Paul Harrison
Illustration: Alan Irvine
All illustrations by Shutterstock, except 6, 13, 39, 49, 66, 67, 92, 93
Wayland is a division of Hachette Children's Books, an Hachette UK Company
www.hachette.co.uk

ISBN: 978-962-08-7388-1

18/F, North Point Industrial Building, 499 King's Road, Hong Kong
Published and printed in Hong Kong